1906.
XLIX.

SITZUNGSBERICHTE

DER

KÖNIGLICH PREUSSISCHEN

AKADEMIE DER WISSENSCHAFTEN.

Sitzung der philosophisch-historischen Classe vom 6. December.

Vorläufiger Bericht über Untersuchung der Pergamenischen Wasserleitungen.

Von Baurat FRIEDRICH GRAEBER
in Bielefeld.

Sonderabdruck.

Verlag der Königlichen Akademie der Wissenschaften.
In Commission bei Georg Reimer.

(Preis ℳ 0.50)

Vorläufiger Bericht über Untersuchung der Pergamenischen Wasserleitungen.

Von Baurat FRIEDRICH GRAEBER
in Bielefeld.

(Vorgelegt von Hrn. CONZE.)

Mit Unterstützung der Königlichen Akademie der Wissenschaften und des Kaiserlichen Archäologischen Institutes hat der Unterzeichnete in der Zeit vom 11. September bis 10. November 1906 die Wasserleitungen von Pergamon unter der freundlichen Mitwirkung der HH. CONZE und DÖRPFELD einer erneuten Prüfung unterzogen. Seit der ersten Untersuchung der Wasserleitungen im Jahre 1886 hatten die HH. SCHUCHHARDT und FABRICIUS sich mit denselben eingehender beschäftigt, und im Jahre 1896 war durch Hrn. GIEBELER die Wasserkammer der Hochdruckleitung festgelegt. Durch die Arbeiten dieser Herren war viel Neues ermittelt; es hatten sich aber auch mehrfach Differenzpunkte in den Resultaten gezeigt, so daß es erforderlich wurde, das gesamte Material vor der Herausgabe der Arbeiten in den »Altertümern von Pergamon« noch einmal einer genaueren Sichtung zu unterziehen. Außerdem waren seit dem Jahre 1896 die Ausgrabungen am Burgberge selbst durch Aufdeckung der Agora, des Aufganges zur oberen Stadt und durch die Freilegung des Gymnasions vorangeschritten, so daß die Weiterführung der Untersuchungen auch auf diese neuen Ausgrabungsergebnisse notwendig wurde. Es handelte sich demnach darum: I. die von den verschiedenen Herren gemachten Beobachtungen nachzuprüfen, um ein sicheres Schlußresultat zu erzielen, und II. die so gewonnenen Ermittelungen mit den ferneren Ausgrabungsresultaten in Verbindung zu bringen und die Wasserversorgung der neuen Stadtteile an die der alten anzuschließen. Ein kurzer Überblick über das Erreichte möge genügen.

I. Nachprüfung und Vervollständigung der bisherigen Untersuchung.

a) Die Hochdruckleitung.

Diese wichtigste und interessanteste Leitung in Pergamum war der Ausgangspunkt der früheren Untersuchungen (Abhandl. der Akad. 1887). Da über dieselbe, abgesehen vom Material des Rohres selbst, keine Meinungsverschiedenheiten herrschten, konnten die bisher gefundene Trace und die Konstruktion als feststehend angesehen werden. Es erschien aber wünschenswert, die Wasserkammer am Agios-Georgios-Berg noch einmal zu prüfen, und es wurde daher das Terrain rings um dieselbe noch weiter ausgegraben. Von den beiden Hauptkammern hat die südliche eine Zweiteilung, welche eine spätere Zutat ist, da die Zwischenwand auf einer über dem alten Fußboden sich befindenden Sandablagerung errichtet ist. Es wird die Zweiteilung eventuell mit der Neuanlage und der Einführung der zwei Tonrohrleitungen der Aquäduktleitung zusammenhängen, um den Wasserabfluß der Druckrohrleitung und der Aquäduktleitung zu regeln. Die Zuleitung des Wassers von der Westseite her bestand tatsächlich, und, den drei Öffnungen in der Westwand entsprechend, mündeten auch drei Tonrohrleitungen in die Wasserkammer, wie es im weiteren Verlaufe nach Norden schon Schuchhardt erkannt hatte. Von den drei Tonrohrleitungen hat eine im Format andere Abmessungen, während die zwei anderen gleichartig gestaltet sind. Dies ergab besonders die Aufdeckung der drei Rohrleitungen am Sattel hinter dem Agios-Georgios-Berg. Es werden also ein Rohr für die Hochdruckleitung, die beiden anderen für die Aquäduktleitung bestimmt gewesen sein.

Außer diesen drei Tonrohrleitungen wurde aber jetzt noch ein gemauerter Kanal parallel den Tonrohrleitungen aufgedeckt, welcher in einer Felskammer endigte, die sich nördlich an die schon aufgefundenen zwei Hauptkammern anschloß und einen besonderen Ablauf- bzw. Umlaufkanal östlich der zwei Kammern erhalten hatte. Diese neu aufgefundene Anlage ist unzweifelhaft späten Charakters, zeigt aber, daß die Quellzuführung vom Madaras Dagh bis in spätrömische und etwa byzantinische Zeit noch gepflegt wurde, wie es auch schon die Tonrohrleitung andeutete, welche eine Strecke weit in die Lochsteine der Hochdruckleitung nach Entfernung der Metallröhren eingelegt war. Die Grabungen um die Wasserkammer nach Norden und Osten herum ergaben, daß eine Wasserzuleitung von den etwas höher gelegenen Quellen am Agios-Georgios-Berg selbst, besonders von der schönen Quelle an der Agios-Georgios-Kapelle, nicht nachweisbar ist, obwohl die eigenartige Lage der Wasserkammer darauf hinzuweisen schien.

b) Die Aquäduktleitung.

An die von mir seinerzeit nur flüchtig untersuchte Aquäduktleitung hatten sich die meisten Kontroversen angeschlossen. Sowohl Fabricius wie Schuchhardt hatten die Mehrgeschossigkeit nachgewiesen und damit konstatiert, daß zuerst der Zuflußkanal in gleichmäßigem Gefälle über die Talsenkung hinüber auf den Aquädukt entlang geführt sei. Besonders Fabricius hatte in sorgfältigen Untersuchungen nicht nur Pfeiler eines Obergeschosses aufgedeckt, sondern auch durch Sammlung und Prüfung der Lochsteine festgestellt, daß die Lochsteine aus den Quadern des zusammengestürzten Aquäduktes hergestellt seien. Er schien jedoch dahin zu neigen, daß die beabsichtigte Steinrohrdruckleitung nicht zur Ausführung gekommen, und daß die aus Stein- und Tonröhren hergestellte Druckleitung spätes Flickwerk gewesen sei. Auf die Mehrgeschossigkeit (zwei Bogenreihen nach Schuchhardts, eventuell drei nach Fabricius' Annahme) habe ich den Aquädukt neuerdings genauer untersucht, durch Freilegung des Mauerzuges auf der Südseite am Berge mehrere Pfeilerfundamente freigelegt und feststellen können, daß das Bauwerk im ganzen drei Stockwerke gehabt hat, von welchen das oberste geringere Höhenabmessungen hatte. Nach Einsturz des Aquädukts ist dann wahrscheinlich eine Druckleitung aus dickwandigen Tonröhren gebaut worden. Man hat die Pfeiler am Aufstieg bis auf die Fundamente abgebrochen, den Zwischenraum zwischen den Pfeilern etwa 1.0 m hoch mit Packwerk aus Steinen in Lehm ausgefüllt und auf diese die Druckleitung gelegt. Wenigstens fanden sich auf der freigelegten Strecke am Südhang große Mengen der Tonröhren, aber keine Steinröhren, während auf der entgegengesetzten Seite mehrere Linien der dicken Tonröhren mit Steinröhren (allerdings in schlechter Bearbeitung) schon früher als *in situ* liegend konstatiert waren. Die große Zerstörung des Bauwerkes und die vielen späteren Umbauten lassen es auch jetzt noch ungewiß, ob neben der Tonrohrdruckleitung noch eine Steinrohrdruckleitung bestand, ob letztere unfertig blieb, wie Fabricius annimmt, ob eventuell eine ersichtlich flüchtig und schlecht gebaute Mauer, die sich längs des Aquäduktes hinzieht, als Unterlage für eine provisorische, nach dem Einsturz des Aquäduktes gemachte Druckleitung aus Steinröhren anzusehen ist (vgl. die Steinrohrdruckleitung in Smyrna), oder ob die kombinierte Stein-Tonrohr-Druckleitung auf der ganzen Strecke bestand. Jedenfalls hat die Absicht vorgelegen und ist auch zur Ausführung gelangt, nach dem Einsturz des Aquäduktes das Wasser wieder auf die alte Höhe zu bringen und wohl besonders dem Gymnasium zuzuführen.

Die Fortführung des Kanals um den zwischen den zwei Aquädukten liegenden Berg nach dem kleinen Aquädukt, über diesen hinweg und von da am Osthang der Burg entlang bis zum Gymnasium ist nachgewiesen. Der Bau der Aquädukte wird mit dem prächtigen Umbau des Gymnasiums in römischer Zeit zusammenhängen, und dürften beide gleichzeitig sein.

Die dritte Periode beim großen Aquädukt, in der man darauf verzichtete, das Wasser am Südende des Aquädukts wieder auf die alte Höhe zu bringen, fällt in späte Zeit. Auf dem notdürftig hergestellten untersten Stockwerk baute man zwei Kanäle und führte sowohl nach Osten wie nach Westen von der Wasserkammer am Südende in Tonröhren das Wasser in geringerer Höhenlage um den Berg herum. Wenn man annehmen darf, daß von den drei Tonrohrleitungen als Zuflüssen zur Wasserkammer am Agios-Georgios-Berg zwei für die Aquäduktleitung bestimmt gewesen sind, so darf man weiterhin den neuerdings daselbst aufgefundenen, wenig gut ausgeführten Kanal und die Felskammer mit der Kanalleitung der dritten Periode zusammenbringen. Daraus würde sich ergeben, daß man das Wasser vom Madaras Dagh selbst in später Zeit nicht hat entbehren wollen.

Das von Schuchhardt aufgefundene Klärbassin am kleinen Aquädukt wurde von neuem freigelegt. Die Deutung und der Zusammenhang desselben mit dem neben ihm entlang führenden Kanal ist trotz der verhältnismäßig guten Erhaltung nicht klar zu erkennen.

II. Neue Ergebnisse.

a) Die griechische Gymnasiumleitung.

Durch die Fortführung der Ausgrabungsarbeiten in den letzten zehn Jahren ist ein großer Teil der griechischen Unterstadt am Burgberge vom Südtor an bis zum Gymnasium freigelegt und in letzterem eine griechische und römische Bauepoche von Bedeutung konstatiert worden. Die Hochdruckleitung allein konnte die Wasserbedürfnisse von so großen Bauanlagen nicht befriedigen, und von der Aquäduktleitung ist schon vorstehend gesagt, daß sie mit dem späteren römischen Umbau des Gymnasiums wahrscheinlich direkt zusammenhängt. Woher erhielt das Gymnasium in griechischer Zeit das Wasser? Es ist gelungen, auch diese Frage zu lösen. Bei der Prüfung der Leitungen, welche an den Felsen des Abhanges des Burgberges sich entlang ziehen, von welchen zwei schon früher als vorhanden konstatiert, aber nicht weiter verfolgt waren, weil die Ausgrabungen sich noch nicht auf den unteren Teil des Burgberges erstreckten, fand sich noch eine dritte Parallelleitung zwischen den beiden. Sie konnte in den Felsspalten auf eine längere Strecke freigelegt werden, und bei ihrem Eintritt in die Stadt durch die Eumenische Mauer fand man bald, daß sie sich in den Fels einarbeitete und dann als Felsstollen fortpflanzte. Sie trug griechisches Gepräge nach der ganzen Art der Herstellung, und es entspricht auch die Art ihrer Führung dem Verfahren in griechischer Zeit, die Wasserleitungen unterirdisch durch die Felsen weiterzuleiten, während die Römer Aquädukt- und Kanalleitungen vorzogen. Dieser Stollen ist bislang auf eine Strecke von 30 bis 40 m in den Berg verfolgt, hat alle 9—10 m einen Luft- bzw. Arbeitsschacht und nimmt seinen Weg auf das griechische Gymnasium hin. Da das Gymnasium die Höhenlage von rd. 184 m überm Meer hat, der Stollen bei der Eumenischen Mauer auf rd. 191 m liegt, das Gefälle gering ist, so wird der Stollen etwa 5—6 m über dem Stylobat des Gymnasiums einmünden, also die geeignete Höhenlage haben, um das Wasser dort für Badeanlagen, Röhrenbrunnen usw. zweckmäßig zu verteilen. Auf der Sohle des Bergstollens liegt eine Tonrohrleitung ähnlich wie bei der Peisistratosleitung in Athen. Im Gymnasium selbst hat der Stollen noch nicht aufgefunden werden können, weil er an der Ostseite desselben, wo jetzt die noch nicht ausgegrabenen römischen Anlagen sich befinden, einmünden wird. Die nächste Ausgrabungsperiode wird daher auch diese Einmündung voraussichtlich aufdecken. Dieser interessante Stollen hat zweifellos lange noch als Wasserbringer funktioniert, denn es zeigte sich, daß die späte römische Burgmauer noch mit ihm als Quellwasserbringer rechnen mußte. In ihr befindet sich nämlich eine kleine Tür, welche zu einem Luftschacht des Stollens als einem Zugang zum Stollen selbst führt. Die Ausräumung des Stollens war nicht leicht, weil er auf eine längere Strecke direkt unter der römischen Mauer sich entlang zieht, so daß die Arbeitsschächte nicht ausgeräumt werden konnten, wodurch der Transport der Erde aus dem Stollen erschwert wurde. Die Art der Ausführung dieses Stollens, war ähnlich wie bei der Peisistratosleitung in Athen, der Art, daß man zuerst die Luftschächte abteufte und dann von Schacht zu Schacht sich entgegenarbeitete. Man erkennt dies daran, daß die Stollenlinien nicht genau aufeinander treffen und daß in der Mitte zwischen zwei Schächten der Stollen sehr eng wird, man also nur das unbedingt nötige Material aus dem sehr harten Felsen herausnahm. Gerade diese sehr engen Stellen machten bei der Nachforschung den Erdtransport in der ganzen Längsrichtung sehr schwierig.

Im Gymnasium befinden sich die Wasseranlagen in allen drei Abteilungen an der Ostseite, ebenso der Stadtbrunnen am Tor des

Gymnasiums, und so wird das Wasser, welches ins oberste Gymnasium eintritt, von oben herab sich in die unteren Abteilungen verteilt haben und von da hinunter zur Agora und so weitergeführt gewesen sein, wie es die vielen Tonrohrleitungen aus später Zeit auch zur Genüge angeben. Von weiterem Interesse ist aber auch die rückwärtige Verfolgung dieses griechischen Kanales ins Gebirge. Sie hat zwar nicht mehr vorgenommen werden können, aber es ist wohl unzweifelhaft, daß die Leitung die Quellen des oberen Ketiostales aufsuchte. Eine Schwierigkeit würde bei dieser weiteren Verfolgung die Senkung des Bergsattels verursachen, welche der große Aquädukt überbrückt. Die Senkung liegt etwa 20 m tiefer als der griechische Stollen. Nun haben wir schon früher an diesem Sattel mehrere sehr schön gearbeitete Steinröhren von 11 cm lichtem Durchmesser aufgefunden, für welche alle bisherigen Arbeiten und Funde an der Hochdruckleitung und am Aquädukt keine Verwendung annehmen ließen. Die griechische Gymnasiumleitung hat aber eine Druckleitung an dieser Stelle von etwa 20 m Druckhöhe nötig, und so werden sich die Steinröhren höchstwahrscheinlich als die Reste der griechischen Steinrohrleitung ergeben, und eventuell wird sich auch noch ein Teil der Steinrohrdruckleitung auffinden lassen.

b) Die römische Gymnasiumleitung.

Daß der mit großen Mitteln ausgeführte Umbau des Gymnasiums in römischer Zeit mit den Aquäduktbauten zusammenhängen wird, ist schon oben erwähnt. Die Führung der Wasserleitung möchte dies fast als sicher erscheinen lassen. Denn der Aquäduktkanal endet im Gymnasium in einer Höhe von etwa 13 m über dem Stylobat der Säulenhallen des Hofes, das Gefälle des Kanales von hier bis zum Aquädukt ist ein sehr geringes, 2—3 m auf mehrere Kilometer Länge, und es ist dies verständlich; denn man wollte dem großen Aquädukt keine größere Höhe, als absolut notwendig, geben. Jedes Meter Gefälle mehr würde den Bau des Aquäduktes erheblich erschwert und verteuert haben. Der Aquädukt hat jetzt schon eine Länge von rund 700 m und eine größte Höhe von über 30 m. In römischer Zeit war das Bedürfnis nach Wasser erheblich größer als in der griechischen, daher die hohe Einmündung über dem Gymnasium, um reichere Anlagen schaffen zu können, Thermen, Springbrunnen und dergleichen mehr. Dies wird gewiß die spätere Ausgrabung der Ostseite des Gymnasiums noch ergeben.

Interessant war auch der Punkt, an welchem am kleinen Aquädukt der Kanal über die dort die Linie kreuzende Hochdruckleitung hinweggeführt worden ist. Die Stelle ist gut erhalten und aufgedeckt worden, und es wird dort der Beweis geliefert, daß bei Anlage des großen Aquäduktes die Hochdruckleitung noch in Tätigkeit blieb.

Um noch einen Beweis zu erbringen, daß der oberste Kanal in den Felsen sowie der Kanal oben im Gymnasium mit der Aquäduktleitung identisch sei, wurde weiterhin am Ostabhang noch einmal an einer Stelle der Kanal aufgegraben und in der richtigen Höhenlage gefunden.

Somit herrscht Klarheit über die Zuleitung des Wassers zum Gymnasium in griechischer und römischer Zeit.

c) Die unterste Leitung am Ostabhang des Burgberges.

Vorläufig von geringerem Interesse ist am Ostabhang des Burgberges die dritte, tiefer gelegene Leitung. Es ist ein Kanal aus später Zeit, der auf große Längen hin nicht weit vom kleinen Aquädukt bis zur jetzigen Schutthalde am Großen Gymnasium und zum byzantinischen Ostturm am Stadtbrunnen verfolgt ist und aufgedeckt werden konnte. Und doch wird auch er seine Bedeutung gehabt haben, was die vielen Leitungen anzeigen, in die er sich verzweigt. Er liegt etwa 20 m tiefer als der griechische Kanal zum Gymnasium. Besonders interessant ist ein Klär- und Verteilungsbecken, aus mehreren Kammern bestehend, welches am Ostabhang etwa 100 m von der Eumenischen Mauer nach Süden, also schon innerhalb der Stadt sich befindet. Dort hört die Leitung als gemauerter Kanal auf, fällt in ein tieferes Bassin hinab, und geht dann in drei Tonrohrleitungen über, von welchen die eine ersichtlich später zugefügt ist. Ein weiterer Teil des Wassers füllte ein anderes Bassin, vielleicht Schöpfbassin an der Straße, die sich dort entlang zog und deren Stützmauern mehrfach im Zuge der Tonrohrleitungen aufgefunden worden sind. Bemerkenswert sind durchlöcherte Platten, welche in dem unteren Bassin liegen, ähnlich denen in dem sogenannten Klärbassin am kleinen Aquädukt. Verwendung und Zweck der Platten ist noch nicht genau zu erklären. Die Tonrohrleitungen selbst verzweigen sich im weiteren Verlauf in verschiedene Stränge. Eine von diesen dürfte die doppelte Leitung sein, welche unter der Straße oberhalb des Stadtbrunnens dicht an der römischen Mauer liegt. Zu erwägen ist, ob dieser dritte Kanal etwa mit der letzten Epoche des Aquäduktes zusammenfällt, also von der Wasserkammer am Südende der untersten Bogenreihe aus gespeist wurde.

d) Die Somaleitung.

Eine weitere Aufklärung hat die Untersuchung über die Ketios- bzw. Somaleitung ergeben. Bekannt war bisher nur der Ketioskanal, welcher zum Teil auf der damals schon ausgeschalteten Eumenischen

Mauer verläuft und im weiteren Verlaufe aufwärts den Ketiosfluß übersetzt. Sodann war unterhalb Soma im oberen Kaïkostal ein Kanalstück bekannt, dessen Zugehörigkeit zu diesem Kanal schon Conze und Schuchhardt annahmen, wie es auch im Volksmunde hieß. Es hat sich nunmehr ergeben, daß unterhalb Eski Bergama die Reste eines großen Aquäduktes noch stehen, welcher in etwa 40 m Höhe das breite Tal übersetzt hat. Auf beiden Berglehnen des Tales konnte in längeren Linien der Kanal aufgefunden und verfolgt werden. Nach Osten, also nach Soma hin, überschreitet er einen Bergsattel und zieht sich an den Nordhängen der Berge des Kaïkostales entlang. Nicht weit vom Dorfe Kuspuli wurden wieder Reste eines Talüberganges aufgefunden, der Aquädukt ist hier aber erheblich kleiner, der Talenge entsprechend, und es unterliegt wohl keinem Zweifel, daß sich solche Reste auch in den anderen kleinen Tälern, welche die vom Gebirge kommenden Sturzbäche gebildet haben, vorfinden werden. Etwa 3 km oberhalb dem Paläokastro Assar, dem alten Apollonia, bei dem Dorfe Urumlu, ist der Übergang eines Aquäduktes über den dortigen Fluß noch in erheblichen Resten vorhanden; im Flusse stehen noch alle Pfeiler 3 m hoch aufrecht, am Ostrande Reste der Aquäduktbogen mit dem Kanal am Ende nach Süden abbiegend. Sodann konnte noch die Durchquerung des Kaïkostales selbst unterhalb des Dorfes Ilidschi bei Soma festgestellt werden, und im Anschluß daran wurde der obenerwähnte Somakanal am Berghange längs der heutigen Fahrstraße sichtbar. All diese Bauanlagen bezeichnen die Richtung, welche die Somaleitung nimmt, und es unterliegt somit keinem Zweifel mehr, daß für Pergamon auch der Trachala-Dagh mit seiner reichen Quelle bei Ilidschi als Wasserzubringer in Anspruch genommen worden ist. Es ist aber nach einer ganz jüngst noch durch Hrn. Jacobsthal ausgeführten Erkundung anzunehmen, daß die Leitung noch weiter her gespeist wird vom Ak-Sü, einer der Quellen des Kaïkos in dem durch die Galaterschlacht berühmten Hochtale oberhalb Soma. Die Berge bei Soma sind Kalkberge, und so weist der Somakanal auch auf der anderen Kaïkosseite bei Apollonia sehr starke Sinterablagerungen, an den Innenwänden des Kanals bis zu 13 cm stark, nach, was seine Leistungsfähigkeit im Laufe der Zeit sehr beeinträchtigt haben muß. Die Somaleitung ist wie die Aquäduktleitung vom Agios Georgios her römisch und aus späterer Zeit als diese. Während bei der Aquäduktleitung Pfeiler und Bogen ganz aus Quadern hergestellt sind und nur die Fassadenflächen über ihnen Würfelmauerwerk zeigen, sind bei den Aquädukten der Somaleitung Quader in viel geringerem Maße verwendet, das Mauerwerk ist viel roher zusammengesetzt, die Kanäle an den Berglehnen und selbst die Wölbungen sind nur aus Steinen in Lehm gemauert, und nur bei Pergamon und bei Soma, wo die Kalkbeschaffung leichter gewesen sein wird, ist der Kanal gut in Mörtel gelegt. Die Aquädukte haben sämtlich Gußmauerwerk. Es ist auch verständlich, daß bei einem so großen Werk von über 40 km Länge das Detail vernachlässigt worden ist, und das Ganze mehr den Charakter einer Massenarbeit annahm.

Bei Apollonia darf die Aquäduktleitung nicht mit einer zweiten Flußübersetzung unterhalb der alten Stadt verwechselt werden, welche vielmehr von einer Brücke mit 16 Öffnungen herrührt, von welcher auch sämtliche Pfeiler in einer Höhe von 2—3 m noch vorhanden sind. Die Bauart dieser Brückenpfeiler ist von der des Aquäduktes derartig verschieden, daß sie jüngerer Zeit angehören wird.

Dies sind die wichtigsten Ergebnisse meiner diesjährigen Untersuchungen. An dieselben schließen sich noch einige kleinere Arbeiten an, die Freilegung des alten Brunnenhauses Agios Stratigos im Ketiostal, die Aufnahme eines Quellenstollens am Südabhang der Burg oberhalb der Gurnelia aus zwei getrennten, später verbundenen Systemen bestehend und sonstige kleinere Beobachtungen. Das Bild der Wasserversorgung Pergamons dürfte dem Fortschritt der Ausgrabungen folgend eine angemessene Bereicherung erfahren haben.

Ausgegeben am 13. December.

Berlin, gedruckt in der Reichsdruckerei.

FSC
www.fsc.org
MIX
Papier | Fördert gute Waldnutzung
FSC® C083411

Zeitfracht Medien GmbH
Ferdinand-Jühlke-Straße 7
99095 Erfurt, Deutschland
produktsicherheit@kolibri360.de